# Café&Meal MUJI

## 野菜いっぱい人気のデリレシピ

# 無印良品©
# 的人气菜肴
**60**

[日]中村 新 – 著

曹逸冰 – 译　　　　[日]吉井 忍 – 审校

U0246122

中信出版集团·CHINACITICPRESS·北京

# CONTENTS　目录

第 1 章　热料理

# HOT DELI　7

★ — **CONCEPT RECIPE　概念食谱**

使用了Café & Meal MUJI最为讲究的食材，最受顾客欢迎。完美诠释了"原汁原味"的理念，是餐厅的金字招牌。

第 2 章 冷料理

# COLD DELI 39

第 3 章 甜品 & 饮品

# SWEETS&DRINKS 71

# Café&Meal MUJI

## 原汁原味，才是真正美味

### 透过食材，遥望食材的故乡

漂浮在海面上的小岛。
小岛的斜坡上，是一片片种着柠檬树的梯田。
晴空万里，群山连绵。水田波光粼粼。
那正是"大长柠檬"与"蛇纹岩米"的故乡。
我们的目标是，通过一道道精美的菜肴，
让人们闻到食材故乡的水、土与阳光的香味，
感受制作食材的人为美味付出的辛劳。

———

### 将食材发挥到极致

春天的新土豆，夏天的番茄，秋天的茄子，冬天的萝卜。
Café & Meal MUJI 的食谱中使用了大量应季蔬菜与鱼类。
我们力争将食材发挥到极致，尽量不制造厨房垃圾，
充分利用食材的每一个部位。
比如胡萝卜，可以连皮磨泥，做成酱汁。
又比如焙茶的茶叶渣，可以用烤箱加热，做成法式薄脆饼（Tuile）。
不使用化学调料，尽量少用食盐与白糖，
也是为了充分挖掘食材的潜力。

## 美味更健康

本书的食材清单是蔬菜的天下。

这正是 Café & Meal MUJI 的一大特色。

大家可以自由搭配 3 种菜式，

在一餐中摄入多种蔬菜。

我们使用的都是美味的时令鲜蔬，营养价值不在话下。

美味又健康，安心更安全。

热菜自然是趁热吃最好。若是凉菜，冰镇一下会有另一番风味。

冰火两重天，总有一款适合您。

———

## 更是一场心灵盛宴

我们每年都会更新 100 余种菜式。

只有在 Café & Meal MUJI，

才能享受到"挑花眼"的乐趣。

看完这本食谱，您会发现吃惯了的蔬菜也有意想不到的做法。

更能邂逅"本和香糖""琉球红茶"等不为人知的好食材。

无论是自己享用，还是与亲朋好友共享，

您都能在书中找到最适合的菜式，

充分享受美味佳肴所带来的乐趣。

# "原汁原味"

    Café & Meal MUJI 耗费数年心血，终于成功将"原汁原味"的菜品呈现在顾客面前。所谓"原汁原味"，就是"不逆食材而行"。原汁原味的菜品，就是健康、环保的菜品。

    为了完美诠释"原汁原味"的含义，我们必须尽可能在店里接触食材。清洗、切片、搅拌、加热等工序也需要在店里完成。换言之，Café & Meal MUJI 的全体员工需要不断提升自己的水平，否则就无法将"原汁原味"的理念变为现实。所以我们只能循序渐进，稳扎稳打。

    一转眼，开业已有十年。

    多亏了顾客们的宝贵意见与建议，Café & Meal MUJI 的经验愈发丰富。今天，我们将多年的成果总结归纳成了这本食谱。希望以这种"全新的形式"，向大家诠释"原汁原味"的内涵。

    本书收录的食谱旨在帮助大家在家中也能享用"原汁原味"的菜品。我们尽可能还原平时在店里使用的食谱，并对某些制作环节进行了改进，让菜品的制作过程更简便。希望本书能为大家的饮食生活增光添彩。


    请允许我借此机会，向平时专程来到本店用餐的顾客致以最诚挚的谢意。我与我的同事们将再接再厉，竭诚为各位呈上最精致、最美味的菜品。


中村新

Café & Meal MUJI 全体员工

为了方便读者在家中制作本书所收录的菜品，部分食谱使用了万能高汤或白高汤（日本的高汤一般以鲣鱼干及晒干的海带煮制而成，此处的万能高汤类似"浓汤宝"。——译者注）、寿喜锅的佐料汁、面汤等能在商店中买到的产品。编制此类食谱时，我们默认读者使用的是"无添加的原味调料"。请大家根据实际情况选用合适的调料。
本书中的"清汤"特指由10g颗粒状固体清汤加热水200ml调制而成的清汤。（法餐中的清汤由牛、鸡的骨肉加蔬菜烹煮而成。——译者注）

# 第 1 章

# HOT DELI

## 热料理

优质鸡肉、应季鲜鱼、各种豆类等低热量食材
与各类蔬菜的完美结合。
除了下饭的小菜，更有热腾腾的奶汁烤菜，
咖喱、热汤也是种类丰富，任君挑选。

# 甜辣酱炸鸡

Café & Meal MUJI最受欢迎的一道菜品。
咨询做法的顾客络绎不绝。
这道菜使用的是岩手县与冈山县的签约农场提供的精品鸡肉，
敬请品尝。
鸡胸肉所含的热量较低，清清爽爽不油腻。

**材料（4 人份）**

鸡胸肉…3 大块（600g）

淀粉…5 大勺

油（用于油炸）…适量

【腌酱】

盐…1/3 小勺

生姜（泥）…1/3 小勺

豆瓣酱…1/3 小勺

鸡蛋…1/2 个

生抽…1 小勺不到

甜料酒（味醂）…1½ 小勺

料酒…1½ 大勺

【甜辣蛋黄酱】

蛋黄酱…1 大勺

柠檬果汁…1 小勺

甜辣酱…5 大勺

**制作步骤**

① 将甜辣蛋黄酱的所有材料倒入大碗，搅拌均匀。

② 将腌酱的所有材料充分搅拌。

③ 斜着运刀，将鸡胸肉切片后放入②中，腌制30 分钟左右。

④ 沥去腌酱中的水分，将淀粉撒在鸡肉上。

⑤ 将油倒入锅中，加热至 175℃，再将④放入锅中油炸。炸至 7 分熟后取出鸡肉，晾 2 分钟左右，再放进锅中迅速过油。

⑥ 趁热将①倒在炸好的鸡肉上，装盘。

沥去腌酱中的水分，将淀粉撒在鸡肉上。

趁热将甜辣蛋黄酱倒在炸好的鸡肉上，轻轻搅拌。

9

# 02

# 土豆浓汤

将连皮炸过的土豆，
直接做成土豆浓汤。
土豆皮的精华尽在汤中，
绝对"原汁原味"。
每一勺热汤，都能让您感受到
土豆的朴素甘甜在唇齿间流转。

**材料（4 人份）**

土豆（五月皇后）…1 大个

油（用于油炸）…适量

|   |   |
|---|---|
|   | 清汤…200ml |
|   | 牛奶…150ml |
| A | 鲜奶油…80ml |
|   | 盐…1/3 小勺 |
|   | 胡椒…1/4 小勺 |

**制作步骤**

① 将土豆连皮放进微波炉加热，直到土豆变软。

② 用 180℃的油将①炸成金黄色。

③ 将②倒入搅拌机，加入 A 进行充分搅拌。

④ 将③加热，装盘。

◎冰镇后别有一番风味。

◎清汤由 10g 颗粒状固体清汤加热水 200ml 调制
而成。

在本店呼风唤雨的土豆。常用的土豆品种
是淀粉含量较低的"五月皇后"（左），有
些菜品也会用到"男爵"（右）。

将土豆连皮放进搅拌机。香气四溢的土豆
皮会为这款土豆浓汤锦上添花。

# 03

HOT DELI

## 外焦里嫩的香渍
## 新洋葱

烤箱的热度，
能充分引出洋葱的甘甜。
我们在店里一般会剥去洋葱的皮，
不过大家在家中尝试时可连皮一并装盘，
将洋葱的精华一网打尽。

材料（4 人份）

新洋葱…2 个

橄榄油…25ml

白糖…1 小勺

**A** 盐…1/2 小勺

白葡萄酒醋…2 大勺

芥末粒…2 小勺

黑胡椒末…适量

制作步骤

① 切去新洋葱的根部，剥去干皮。

② 将①放上烤盘，用预热到 180℃的烤箱烘烤 40
分钟。

③ 取出洋葱，竖着切成 4 等份。

④ 将 A 全部倒入大碗，充分搅拌。

⑤ 将4均匀倒在尚未冷却的洋葱上，撒上黑胡椒。

   凉了也好吃。炎炎夏日，不妨将刚出炉的洋
   葱晾一下，用作凉菜。

**04**

# 笋豆双料的
# 春色肉末咖喱

Café & Meal MUJI的肉末咖喱使用了各种豆类蔬菜。
本书收录的是这款咖喱的升级版,加入了富有春日气息
的冬笋。
如果您家里有新鲜的青豌豆,不妨加进去一起煮。
如此一来,这款菜肴定会让您如沐春风。

**材料(4 人份)**

混合肉糜(牛肉 + 猪肉)…150g

洋葱…1/2 个

色拉油…1 大勺

蒜末…1 小勺

姜末…1 小勺

孜然籽…1/2 小勺

红酒…2 大勺

|   | 咖喱粉…1/2 大勺 |
|---|---|
|   | 清汤…50ml |
|   | 番茄…250g |
| **A** | 白糖(粗糖)…2 小勺 |
|   | 盐…1/2 小勺 |
|   | 印度麻辣酱(Garam Masala)…少许 |

冬笋(水煮)…100g

盐…少许

清汤…100ml

无盐黄油…1 大勺

毛豆(速冻也可)…30g

**制作步骤**

① 将色拉油倒入锅中, 加入蒜末与姜末, 加热爆香。

② 将洋葱切成丁, 加入孜然籽, 炒至洋葱变软。

③ 加入肉糜继续翻炒, 再加入红酒, 让红酒中的酒
精完全蒸发。

④ 将番茄切成大块, 与 A 的其他材料一起倒入③中,
用小火煮 10 分钟左右。

⑤ 将冬笋切成薄片, 焯水后倒掉清水, 加入清汤与盐,
用小火煮 5 分钟后停火冷却。不要沥去汤水。

⑥ 待冬笋冷却入味后沥去汤水, 用黄油煎一下。

⑦ 将毛豆解冻剥好, 放在一旁备用。

⑧ 将⑥加入④中煮一小会。

⑨ 加入⑦, 装盘。

# 05

HOT DELI

# 猪肉炖新土豆

醋的点缀是这款菜肴的独到之处。
醋的酸味能给舌尖带来新鲜的刺激，
让整道菜变得更可口。
在Café & Meal MUJI，我们会使用带皮的小号新土豆，
打造出春季独有的精致美味。
（日本的醋也是用谷物酿造，但常用的醋是透明的浅黄色，
不是中国常用的黑色米醋。——译者注）

**材料（4 人份）**

猪肉（五花肉厚片）…150g

新土豆（小号）…4 个

A
| 洋葱（切成月牙形）…1/2 个
| 辣椒粉…少许
| 姜泥…1 小勺
| 蒜末…1/2 小勺

B
| 天然万能高汤（浓缩版，稀释后使用）…30ml
| 水…150ml
| 米醋…1/2 小勺

葱末…少许

**制作步骤**

① 将猪肉切成适当的大小。

② 猪肉入锅，盖上锅盖，缓慢加热，逼出肉中的油脂。油脂浮出后，用勺子或其他工具捞出。

③ 将 A 加入②，快速翻炒，再加入 B 稍煮一会。

④ 土豆去皮，切成 4 等分备用。

⑤ 取出锅中的猪肉，将④倒入，盖上锅盖，用小火慢煮直至土豆变熟。

⑥ 最后将猪肉放回锅中，与土豆充分搅拌，加热一段时间后装盘，撒上葱末。

## 06

**HOT DELI**

# 不用鸡蛋的
# 土豆乳蛋饼

这是一道不用鸡蛋的"乳蛋饼"。
仅靠淀粉的黏性成型。
这款菜肴使用了大量土豆，
特别适合在春天品尝。
您也可以更换土豆的种类，
品鉴各类土豆的"个性"。

**材料（一个水果塔模具盘的用量，8 人份）**

冷冻饼胚…1 张（250g）

洋葱…2 个

无盐黄油…30g

盐…1/2 小勺

土豆（五月皇后）…中号 5 个

蒜末…1 大瓣的量

　　牛奶…350ml

　　鲜奶油…50ml

**A** 　盐…1 小勺

　　白胡椒…少许

　　鼠尾草…少许

比萨专用奶酪…70g

**制作步骤**

① 将洋葱切成薄片，用黄油慢慢翻炒，待洋葱变成金黄色之后撒上少许盐。

② 土豆去皮，切成 2mm 厚的薄片，倒入大碗，加入 A，充分搅拌。

③ 将大蒜与黄油（未包括在材料清单中）倒入锅中，用小火加热，直至大蒜变成金黄色。

④ 将②加入③，用小火炖煮，直到土豆变软。

⑤ 将饼胚擀到 5mm 厚，铺在水果塔模具盘的内侧，盖上锡纸，压上重物，以保持饼胚平坦，再送进烤箱稍稍烘烤。

⑥ 将⑤放在烤盘上，倒入④，再撒上奶酪。

⑦ 用预热到 180℃的烤箱烘烤 15 分钟即可。

# 07

# 整个洋葱汤

汤碗中端坐着一整个洋葱，何其壮观。
汤的鲜味与洋葱的甘甜，
尽在其中。
用尽每一分食材，
这正是"原汁原味"精神的体现。

**材料（2 人份）**

洋葱⋯2 个

盐⋯略少于 1 小勺

培根⋯1 块

清汤⋯800ml

胡椒⋯1/4 小勺

月桂叶⋯1 片

百里香⋯1 棵

**制作步骤**

① 洋葱去皮后，用盐仔细摩擦洋葱的表面。

② 将清汤与所有材料倒入锅中，先用大火加热，汤
水沸腾后调整为小火，烹煮 40 分钟。

用盐摩擦洋葱的表面。

# 香脆鸡胸

这款菜肴的过人之处在于，
神奇的"面包粉"所带来的松脆口感。放再久也不会变软哦。
将面包粉倒进黄油里搅拌均匀，做成"多味黄油"，再一并送进烤箱。
多味黄油可以冷冻，您可以加入百里香、罗勒等香草，
提前做好，有需要时再解冻，非常方便。

材料（4 人份）

鸡胸肉…300g

橄榄油…2 大勺

盐…少许

胡椒…少许

番茄…1 个

西葫芦…2/3 根

迷迭香…2 棵

【多味黄油】

无盐黄油…100g

帕尔玛干酪粉…60g

面包粉…100g

迷迭香…2 棵

蒜泥…少许

制作步骤

① 将鸡胸切成方便入口的小块，撒上少许盐（未包括在材料清单中），倒入橄榄油，稍稍搅拌，再倒进制作奶油焗菜的器皿，放进微波炉加热 2 分钟。

② 将切成小块的西葫芦与番茄倒入①中搅拌，撒上少许盐和胡椒。

③ 将多味黄油切成薄片，摆在②的表面，放上迷迭香，放进预热至 220℃的烤箱中烘烤 7 分钟。

【多味黄油的制作步骤】

① 将迷迭香的叶子切碎。

② 将所有材料搅拌均匀，充分揉捏。

③ 将②放在保鲜膜或其他薄膜上，捏成直径 2cm 的棒状，放进冰箱冷藏。

将多味黄油捏成棒状，用保鲜膜或其他薄膜包好。可冷藏。

将多味黄油切成薄片，放在食材上方，一并烘烤。

HOT DELI

# 09 整个番茄配车麸

这道菜已经走下了Café & Meal MUJI的舞台，
但它的做法非常简单，
所以我们将它收录在了这本食谱中。
刚出炉的番茄热气腾腾，汁水丰富。
与香脆可口的车麸形成了绝妙的组合。

（车麸为圆形，中间有孔，类似面筋。——译者注）

材料（4 人份）

熟透的番茄…2 个

车麸…4cm

盐…少许

胡椒…少许

罗勒…4 片

柠檬薄片…4 片

橄榄油…4 大勺

生抽…4 小勺

制作步骤

① 将番茄拦腰切成两半。

② 将车麸切成 4 块圆形薄片。

③ 将①放在②上，撒上盐、胡椒、罗勒与柠檬。

④ 撒上橄榄油与生抽，放进预热至 200℃的烤炉烘
烤 10 分钟。

**10**

# 茄汁鲅鱼

其实我们打造这道菜的初衷，
是为了让大家细细品味"味噌"的滋味。味噌也是一
款好吃又健康的食材。
只要按照我们的食谱操作，鲅鱼定会松软可口，
番茄味噌酱也不会喧宾夺主。
您也可以根据自己的口味加入纯辣椒粉或红椒粉。

**材料（4 人份）**

鲅鱼（80g 左右的鱼肉片）…4 块
盐…适量
橄榄油（烤鱼用）…10ml
大蒜…1 瓣
洋葱…1/4 个
培根…1 片
黑橄榄…4 个
红椒（甜椒）…1/8 个
橄榄油（炒菜用）…1 大勺
番茄糊…2 大勺
白葡萄酒…40ml
味噌（以混合型味噌为佳）…60g
罗勒…2 片
奶酪粉…2 大勺

**制作步骤**

① 鲅鱼的两面抹盐，浇上 10ml 的橄榄油，用预热至
200℃的烤炉烘烤 5 分钟。

② 将大蒜、洋葱与黑橄榄切成碎末，红椒切成粗碎末，
培根切成 5mm 见方的小方块。将 1 大勺橄榄油倒
入锅中，用中火翻炒上述食材，小心不要把食材
烧焦。

③ 加入番茄糊，继续翻炒，再倒入白葡萄酒炖。

④ 加入味噌，充分搅拌。

⑤ 将④倒在烤好的鲅鱼上，撒上奶酪粉，再用调至
200℃的烤炉烘烤 5~7 分钟。

⑥ 出炉后，撒上罗勒碎。

**11**

HOT DELi

# 清清爽爽的茄汁
# 卷心菜炖鸡肉

为了保留卷心菜的爽脆口感，
要尽可能缩短加热的时间。
茄汁之所以可口，
是因为多明格拉斯酱 引出了浓郁的香味。
这道菜定能让您充分感受到春天的卷心菜是何等美味。
（多明格拉斯酱即 Demi Glace，亦称黄汁，用肉类与蔬菜
加工而成。——译者注）

**材料（2 人份）**

剔骨鸡腿肉…150g

盐…少许

胡椒…少许

橄榄油…适量

蒜末…1/3 瓣的量

洋葱（薄片）…1/2 个

卷心菜…1/4 个

　　水煮番茄罐头…30g

　　月桂叶…1/2 片

　　盐…1/4 小勺

**A**　砂糖…1/2 小勺

　　多明格拉斯酱…略多于 1 大勺

　　百里香…1/2 棵

　　水…100ml

芥末粒…1 小勺

盐…适量

**制作步骤**

① 将鸡肉切成方便入口的小块，撒上少许盐和胡椒。
将橄榄油倒入煎锅，加热，用中火煎鸡肉，小心
不要将鸡肉烧焦。

② 取出鸡肉，将大蒜、洋葱倒进锅中翻炒。

③ 将卷心菜切成 1cm 宽的小段，倒入锅中，充分搅拌，
盖上锅盖。冒出蒸汽后再焖 3 分钟。

④ 加入 A，盖上锅盖，继续焖 10 分钟。

⑤ 将鸡肉倒进④中，充分搅拌，撒上芥末粒调味。

⑥ 加入少许盐，装盘。

**12**

HOT DELI

# 辣椒肉末汤

我们将传统辣椒肉末汤中的豆子换成了夏季的时
令蔬菜。
不同品牌的辣椒粉会有不同的味道，
请您根据辣椒粉的辣度自行调整用量。
如果是做给孩子吃的，
可以将香料全部改为红辣椒粉。

材料（4 人份）

混合肉糜…200g

橄榄油…2 大勺

大蒜…1 瓣

洋葱…1 个

月桂叶…2 片

盐…2 小勺

芹菜…2/3 根

苦瓜…2/5 根

红酒…50ml

毛豆（不用豆荚）…100g

西葫芦…1/4 根

红椒（甜椒）…1/3 个

黄椒（甜椒）…1/3 个

A
辣椒粉…略多于 2 小勺
红椒（辣味）…少许
糖…3 小勺
盐…1/2 小勺
水煮番茄罐头…500g

黑胡椒…少许

欧芹末……少许

制作步骤

① 将大蒜切成碎末，毛豆之外的蔬菜全部切成 1cm
见方的小丁。

② 将橄榄油倒入锅中加热，加入蒜末，用不是很旺
的中火引出香味。

③ 加入洋葱、1/2 小勺盐、月桂叶，充分翻炒。

④ 将混合肉糜加入③，加入 1/2 小勺盐翻炒。肉熟
之后，再加入欧芹与苦瓜快速翻炒。

⑤ 将红酒倒入④，让酒中的酒精完全蒸发。

⑥ 加入毛豆、西葫芦、甜椒与剩下的盐快速翻炒，
再加入 A。

⑦ ⑥煮沸之后盖上铝箔纸，焖煮 30 分钟。

⑧ 最后撒上黑胡椒与欧芹。

相较于其他蔬菜的味道，
苦瓜的苦味别具一格。在
Café & Meal MUJI，苦瓜
就是夏天的主角。

# 用间苗时淘汰的蔬菜制作的乳蛋饼

间苗时拔出来的萝卜,做菜时切下的菜根……
这款菜品充分利用了常被人们忽视的"废料"。
只要倾注时间与精力,它们都能成为闪闪发光的主角。
这款蔬菜乳蛋饼的卖相也相当可爱哦。

**材料(16cm×3cm×2.5cm 的模具 6 个)**

冷冻饼胚…1 张

**【馅料】**

A｜ 大蒜…2 小勺
　｜ 洋葱…1/2 个
　｜ 凤尾鱼段…3 块

橄榄油…20ml

盐…1/2 小勺

水…1 大勺

B｜ 罗勒(撕成小片)…2 片
　｜ 鸡蛋…2 个(中号)
　｜ 蛋黄…1 个(中号)
　｜ 鲜奶油…50ml
　｜ 牛奶…100ml
　｜ 糖…2 小勺
　｜ 奶酪粉…2 大勺

**【蔬菜】**

菊苣…1/6 个

间苗时淘汰的蔬菜…2 棵

菠菜等蔬菜的根部…半根

奶酪粉(最后点缀时使用)…适量

**制作步骤**

**【准备饼底】**(先将饼底烤好)

① 将饼胚擀成 5mm 厚,铺在模具内侧,放进冰箱,冷藏片刻后取出。

② 将烤箱调至 180℃,烘烤 25 分钟后取出,不必将饼底从模具中取出来,让它自行冷却即可。

③ 将②放进冰箱,冷却 30 分钟以上。

**【馅料】**

① 将 A 切成碎末。用平底锅加热橄榄油,倒入 A 与盐,用中火翻炒。

② 待食材变成金黄色后(小心不要烧焦),倒入清水,用大火烹煮,直到水分完全蒸发。

③ 将②倒入大碗冷却。

④ 将 B 加入③中,充分搅拌。

**【乳蛋饼】**

① 将馅料④的一半倒入模具。

② 将蔬菜洗净,切成能放进模具的大小,分别放入铺好饼皮的各个模具中。

③ 如果馅料还没有填满模具,就在 8 成满时撒上奶酪粉。

④ 用调至 170℃的烤箱烘烤 20 分钟左右。稍事冷却后,取出模具中的乳蛋饼,装盘。

\* 如果用常见的 18cm 圆形模具制作,可将馅料 B 的量增加 50%。只要能将蔬菜裹住即可。如此一来,便能享受到蔬菜的"原汁原味"。

14

# 肉汁饱满的洋葱
# 辣味鸡

入口即化、香味四溢的鸡肉,是这道菜的一大卖点。
食谱中的辣味调料用量较少,您要是觉得不过瘾,
也可以根据自己的口味加入韩国辣椒等香料,
打造出您的个性风味。

**材料（2 人份）**

鸡胸肉…200g

A
辣椒粉…1/2 小勺
混合香料…1 小撮
百里香…1 小撮
牛至…1 小撮
大蒜…少许
柠檬薄片…2 片
生菠萝…20g
盐…2/3 小勺
水…40ml
糖…2/3 大勺

洋葱…1/2 个

番茄…1 个

B
香菜…适量
盐…1/2 小勺
糖…少许
红椒（辣味）…少许

**制作步骤**

① 切掉无用的鸡皮、筋与脂肪。

② 将 A 倒入粉碎机充分搅拌。再将①放入粉碎好的
调料中,仔细揉捏,使调料入味。

③ 将洋葱切成碎末,用清水冲去刺鼻的辣味。

④ 将番茄切成骰子一般大的小丁,倒进大碗,加入
③与 B,充分搅拌后备用。

⑤ 用预热至230℃的烤箱,将②烘烤 10 分钟左右。

⑥ 将烤好的鸡肉切成小块,浇上④,装盘。

要让鸡肉变得松软可口,
关键在于用生菠萝腌制。
腌一晚上,菠萝中的酶就
会大展拳脚,让鸡肉变得
分外柔软。

# 15

# 坦都里烤鸡

酸奶的魔力，
能让鸡肉变得蓬松柔软，
在烹制这道菜的过程中，
会有鲜美的肉汁渗出，
加热浓缩后，便成了美味的酱汁。
若是淋上柠檬汁，更是别有一番风味。

**材料（4 人份）**

剔骨鸡腿肉…400g

A
- 酸奶…40g
- 坦都里粉…4 大勺
- 细砂糖…1/2 小勺
- 蜂蜜…1 小勺
- 橄榄油…1 小勺
- 醋…1/2 小勺
- 印度麻辣酱…1/2 小勺
- 蒜泥…少许
- 盐…1 小勺

**制作步骤**

① 切断鸡肉的筋，备用。

② 将 A 的所有材料倒入大碗，充分搅拌。

③ 将②均匀涂抹在①有皮的那一面，放进冰箱腌制 1 天。

④ 用预热至 180℃的烤箱烘烤 10 分钟左右。

⑤ 将④切成容易食用的大小。将留到烤盘上的肉汁加热浓缩后倒回到鸡肉上。

均匀涂抹，覆上保鲜膜，
放进冰箱腌制 1 天。

# 芥末蛋黄酱拌鸡肝

养鸡人常为鸡肝的去处发愁（日本人不爱吃鸡肝——译者注）。
如何帮他们排忧解难呢？我们左思右想，终于开发出了这道菜。
用魔芋打造口感的"节奏"，
再用蛋黄酱让鸡肝的口感更丰富柔和。
这道菜也是Café & Meal MUJI的招牌菜之一。

**材料（4 人份）**

鸡肝…300g

牛奶…100ml

魔芋…130g

日式鲣鱼味面汤…300ml

【芥末蛋黄酱】

蛋黄酱…100g

芥末膏…2 小勺

**制作步骤**

① 切除鸡肝的黄色部位，放在水里浸泡 1 小时。

② 用勺子将魔芋切成小块，和鸡肝一起浸泡。

③ 1 小时后，倒掉清水，加入牛奶，再加入一些清水调节水量，以便让牛奶没过①与②，进一步去除鸡肝的腥味。

④ 将鸡肝与魔芋捞出来，放进开水（未包括在材料清单中）中煮透。煮熟后沥去开水。

⑤ 将④倒入面汤，小火煮 10 分钟，再取出鸡肉，将汤水浓缩到 100ml 左右。

⑥ 将蛋黄酱与芥末充分搅拌，倒入冷却后的⑤，与鸡肉搅拌均匀即可。

鸡肝浸水后，再用牛奶浸泡一会儿，以便去除腥味。

# 梅子紫苏风味的茄子炒猪肉

梅雨时节,总免不了食欲不振。
而酸甜的梅子最能开胃。
在Café & Meal MUJI,我们会在夏秋两季推出这款菜肴。
我们使用的是爱媛县产的绢皮茄子。
这种茄子品质卓越,生吃也非常美味,敬请品尝。

**17**

材料（4 人份）

猪肉（五花肉薄片）…200g

盐、胡椒…少许

寿喜锅调料（原味）…60ml

淀粉…40g

茄子…4 个

蘘荷…1 棵

紫苏叶…3~4 片

花椒粉…少许

油（用于油炸）…适量

【浇头】

寿喜锅调料（原味）…100ml

梅干（无核）…40g

水…160ml

淀粉溶液…1 小勺

制作步骤

① 将浇头的材料放入锅中搅拌,用中火煮沸。水淀
   粉的做法是一份水加一份淀粉,搅拌均匀后倒入
   锅中一并搅拌。

② 将盐、胡椒、寿喜锅调料与淀粉撒在猪肉上,搅
   拌均匀,腌制 15 分钟左右。茄子切成小块备用。

③ 将油倒入锅中加热,将②炸好,再将茄子直接放
   进油里炸。炸好后要沥干食材表面的油。

④ 将猪肉与茄子放入装有①的锅中,快速加热搅拌。

⑤ 装盘,撒上蘘荷片、紫苏丝与花椒粉。

# 18

# 根菜黑醋咕咾肉

这道菜的一大卖点
是鲜嫩多汁的猪肉。
在制作P24的洋葱辣味鸡时用的
菠萝腌制大法，
也能拿来处理猪肉哦。

**材料（4 人份）**

猪腿肉…200g

生菠萝…10g

料酒…1 大勺

生抽…3/4 大勺

搅拌好的蛋液…2 大勺

花椒（尽可能用中国花椒）…少许

淀粉…3 大勺

A
料酒…1 大勺
水…2 大勺
生抽…1 大勺
淀粉…1 小勺
中国产的有机黑醋…3 大勺
糖…1 大勺

莲藕…40g（约 1/4 节）

洋葱…1/5 个

胡萝卜…1/4 根

青椒…1 个

色拉油…80ml（略少于 1/2 杯）

麻油…少许

**制作步骤**

① 将 A 充分搅拌后备用。将猪肉与蔬菜切成 2cm 见
方的小丁。

② 用刀面将菠萝肉拍打成酱。

③ 将②、料酒、生抽与猪肉充分搅拌，腌制 30 分钟
左右。

④ 取出③中的猪肉，与蛋液和花椒一起搅拌，裹上
淀粉。

⑤ 将 80ml 色拉油倒进平底锅，煎炸④。

⑥ 取出煎熟了的猪肉，再加入蔬菜，迅速翻炒。

⑦ 用纸巾擦去⑥中渗出的油脂，再将猪肉倒回平底
锅，倒入搅拌好的 A，最后洒上麻油，装盘。

# 酱烤圆茄子

在味噌酱中加入多明格拉斯酱,
正是Café & Meal MUJI的特色。
做好这道菜的关键在于,
事先把茄子煎透。
如此一来,调料才能渗透茄子的每一个细胞。

材料（3~4 人份）

圆茄子…1 个

橄榄油 A…略多于 4 大勺

番茄…1 小个

混合奶酪…40g

橄榄油 B…1 大勺

猪肉糜…80g

A　多明格拉斯酱…60g
　　混合味噌…40g
　　糖…20g

雪里蕻（茎呈红色的品种）…适量

制作步骤

① 将茄子切成 2~3cm 宽的小段，撒上少许盐（未包括在材料清单中）。将橄榄油 A 倒入平底锅加热，用中火煎茄子的两面，把茄子完全煎熟。

② 取出茄子，在每一片茄子上放一片 1cm 厚的番茄片，再撒上少许盐和胡椒（未包括在材料清单中）备用。

③ 将橄榄油 B 倒入平底锅加热，煎炒猪肉糜直至变色。

④ 将 A 加入③，快速加热。

⑤ 将④放在②上，撒上混合奶酪之后，用烤箱烘烤 5 分钟左右。

⑥ 装盘，用雪里蕻点缀。

# 20

# 普罗旺斯
# 香煎秋刀鱼

法国南部菜肴的代名词,普罗旺斯香草,
配以日本的秋季海鲜——秋刀鱼,
便成了这款飘香诱人的香煎秋刀鱼。
您也可以用迷迭香、牛至、罗勒、百里香等香
草代替普罗旺斯香草。

**材料（4～6人份）**

秋刀鱼（鱼腩）…6 块（3 条鱼的量）

盐…适量

白胡椒…适量

蒜末…1/2 片

橄榄油…3/4 大勺

朝天椒（切成圆片）…少许

白葡萄酒…15ml

洋葱…1/4 个

盐…1/3 小勺

番茄…1 个

真姬菇…30g

杏鲍菇…30g

**A**
月桂叶…1 片
马槟榔（Caper）…1 大勺
普罗旺斯香草…1/2 小勺
水…60ml

迷迭香叶…少许

**制作步骤**

① 将橄榄油、蒜末与朝天椒倒入锅中，用小火炒至
金黄色。

② 将洋葱切碎，加入①，再加盐调味，炒至洋葱变
成浅茶色为止。

③ 将白葡萄酒倒入②，蒸去酒精。

④ 番茄切成小块，真姬菇与杏鲍菇切成碎末。切好
后与 A 一起加入③，用中火煮 5 分钟。

⑤ 加入盐与胡椒（未包括在材料清单中）调味。

⑥ 将盐（量稍多一些）与白胡椒撒在秋刀鱼表面。
将橄榄油（未包括在材料清单中）倒入平底锅中
预热，之后用大火煎鱼，但千万不要把鱼烧焦。

⑦ 将⑥装盘，小心浇上⑤。

⑧ 点缀上迷迭香叶。

# 奶油蘑菇
# 烩鲑鱼

这道菜是我们的秋季工牌菜式。
蘑菇与牛奶用粉碎机充分搅拌,
做成"蘑菇奶酱",浇在菜肴表面,
这便是这道菜的美味秘诀。
闻一闻蘑菇散发出的阵阵幽香
——那就是幸福的味道。

**材料(4 人份)**

鲑鱼(片)…240g(3 片左右)

盐…适量

白胡椒…适量

橄榄油…1½ 大勺

西兰花…约 1/3 棵(70~80g)

蒜末…1/4 瓣

真姬菇…150g(1½ 盒)

牛奶…150ml

盐…1/2 小勺

白酱…150g

白胡椒…适量

面包粉…适量

**制作步骤**

① 鲑鱼去皮去骨,撒上盐与胡椒,将橄榄油涂抹在鱼肉表面,放进专用的烤鱼炉中烤熟。(日本的炉灶一般都有一个专门用来烤鱼的小炉。——译者注)

② 西兰花焯水后浸入冷水冷却,之后再沥干水分,备用。

③ 真姬菇去根拆散。在锅里倒一些橄榄油(未包括在材料清单中),预热后加入大蒜,用中火翻炒,之后再加入 1 盒真姬菇,炒至有香味飘出。

④ 将牛奶与盐加入③,沸腾后用小火煮 5 分钟。

⑤ 将④倒入粉碎机打碎,然后倒回锅里,加入白酱,沸腾后加入白胡椒。

⑥ 将剩下的真姬菇、西兰花与⑤倒在烤好的鲑鱼上,再撒一些面包粉,用烤面包机或预热到 250℃的烤炉烤到表面略有焦黄即可。

## 22

# 菠菜鸡肉饼

孩子们最爱吃肉饼,
而这款菠菜鸡肉饼加了一些有益健康的材料。
我们使用的是鸡胸肉,清爽不油腻,
培根则会让肉饼嚼起来更有"肉"味。

**材料（4 人份）**

肉糜（鸡胸肉）…300g

培根…1 片

菠菜…1/2 棵

洋葱…1/6 个

A
玉米淀粉…1 大勺
鸡蛋…1/2 个
盐…1/2 小勺
胡椒…1/2 小勺
清汤…50ml

橄榄油…1 大勺

B
日式鲣鱼味面汤…100ml
糖…2 小勺
水…50ml
淀粉溶液…1 小勺

**制作步骤**

① 将培根切成碎末。

② 用水将菠菜煮熟,然后浸冷水冷却。冷却后捞出来,
　沥水备用。

③ 将②切成 3cm 长的小段。

④ 洋葱切成碎末倒入大碗。将鸡肉、①、③与 A 全
　部倒入大碗,充分搅拌。

⑤ 将④等分为适当的大小,捏成肉饼的形状。将橄
　榄油倒入平底锅,用稍大的中火煎制。

⑥ 将 B 倒入另一个锅,煮开勾芡,浇在⑤上。

煮过的菠菜可以用冰水冷
却,这样能让菠菜的颜色
更鲜艳。

33

**23**

# 味噌豆浆炖鸡肉芜菁

在Café & Meal MUJI，我们经常让白酱与味噌同台献艺。
而这道菜还加入了豆浆与生姜，
暖胃效果一级棒。
吃了这道暖暖的炖菜，全身的疲惫都会消失无踪。

**材料（4 人份）**

鸡胸肉…200g

盐…1/2 小勺

胡椒…少许

面粉（小麦粉）…适量

橄榄油…适量

芜菁（带叶子）…2~3 个

橄榄油…适量

蒜末…少许

姜末…4g（约 1/3 个）

A
水…120ml
白酱…60g
豆浆…80ml
味噌…20g

盐…适量

**制作步骤**

① 将鸡肉切成方便入口的大小，撒上盐与胡椒，再均匀裹上一层面粉。多余的面粉要抖掉。

② 将橄榄油倒入平底锅预热，然后放入①，煎到表面有些焦即可。

③ 芜菁去叶削皮，切成方便入口的大小（1/4~1/6），焯水后备用。

④ 将橄榄油倒入另一个锅加热，然后倒入蒜末与姜末，炒出香味。

⑤ 将 A 加入④，充分搅拌后加入②，用小火煮 5 分钟左右。

⑥ 将③加入⑤，充分搅拌，再加入洗好切好的芜菁叶（用量随意），最后用盐调味。

HOT DELI

# 五彩杂粮多利亚饭

这款多利亚饭使用了10种杂粮,
还加入了扇贝、虾仁、培根、金枪鱼等原料。
山珍海味,一网打尽。
若能趁热吃上一口,身心定能得到充分的满足。

**材料（4 人份）**

扇贝瑶柱（小号）…4 个

虾仁（大号）…8 个

色拉油…3/4 小勺

| A | 大蒜…1/4 片 |
| | 培根…1/2 片 |
| | 洋葱…1/4 个 |

| B | 胡萝卜…3cm |
| | 卷心菜…30g |
| | 真姬菇…20g |
| | 牛奶…50ml |
| | 白酱…200g |

| C | 番茄…1/6 个 |
| | 番茄酱…1 小勺 |
| | 金枪鱼（罐头）…15g |

盐…1/4 小勺

胡椒…少许

十谷米…80g

比萨专用奶酪…50g

炸面包丁（可在商店购买）…2 大勺

奶酪粉…2 大勺

**制作步骤**

① 用盐水煮一下瑶柱与虾仁（挑去背筋），沥水后备用。

② 将 A 的大蒜与培根切成碎末,洋葱切成薄片。B 的胡萝卜切成 1cm 见方的小丁,卷心菜切成粗条,真姬菇去根后拆散。

③ 将色拉油倒入锅中预热,再加入 A,用中火快速翻炒（小心不要炒焦）,然后再加入 B 翻炒。

④ 将番茄切成 1cm 见方的小丁后倒入③,并倒入 C 的其他材料。

⑤ 用煮过①的热水煮十谷米。米粒完全变软后用笊篱捞出备用。

⑥ 将①和⑤倒入④的锅里,加热,用盐与胡椒调味,然后倒进多利亚饭的专用容器。

⑦ 将比萨专用奶酪、炸面包丁、奶酪粉依次撒在⑥上,放入预热到 200℃的烤箱烘烤 8 分钟（或用面包炉烘烤）,直到表面呈金黄色。

这是能在无印良品买到的十谷米（详见 P80）。加入了在日本比较罕见的黑麦。

# 25 高菜猪肉豆腐火锅

我们在韩餐的火锅调料里，
加入了泰国菜常用的鱼酱与糙米酿成的黑醋，
打造出了Café & Meal MUJI的原创火锅酱。
您也可以将这款酱加在拉面里，或是在炒蔬菜时使用。
放入冰箱冷藏能延长它的保质期至一个星期。

**材料（4 人份）**

高菜…200g

裙带菜（干燥）…4g

猪里脊（薄片）…40g

木棉豆腐（类似北豆腐）…120g（约 1/2 块）

麻油…1 小勺

A｜蒜泥…1/2 小勺
｜姜泥…1/2 小勺
｜大葱（碎末）…1 大勺

B｜豆瓣酱…1 小勺
｜韩式辣椒酱…1½ 小勺
｜料酒…1 大勺
｜糙米黑醋…1/2 小勺
｜糖…1/2 小勺
｜鸡精（颗粒）…1/2 小勺
｜鱼酱…1 小勺

白芝麻…2 小勺

**制作步骤**

① 高菜焯水后挤干，切成 2cm 长的小段。裙带菜泡
   水发开后将水分沥干，备用。

② 猪肉用水煮一下，切成容易入口的大小。

③ 豆腐用微波炉加热 2~3 分钟（功率调到 600W），
   取出后放在笸箩上，放置 30 分钟，让多余的水分
   析出。

④ 将麻油倒进锅里，稍事加热后倒入 A，用小火炒
   出香味。再加入 B，继续加热。

⑤ 将高菜、猪肉、裙带菜、④、③（切成 2cm 见方
   的小丁）和白芝麻倒入大碗，充分搅拌即可。

◎如果没有高菜，可以用小松菜（日本油菜）代替。

## 26

# 柚子胡椒风味的爽口麻婆豆腐

这是一款不使用豆瓣酱与蚝油的麻婆豆腐，
富有温和清爽的日式风味。
柚子胡椒能充分引出生抽与味噌的鲜味，
还有新鲜番茄的酸甜。
（柚子胡椒是日本九州特有调味料，是将罗汉橙皮和朝天
椒一起剁碎，加入盐，然后手工研磨制成。——译者注）

**材料（4 人份）**

豆腐…1 块

橄榄油…3 小勺

大蒜…2 小片

大葱…1 根

猪肉糜…160g

番茄…2 小个

A
水…180ml
混合味噌…1½ 大勺
生抽…2½ 大勺
淀粉溶液…2 小勺

柚子胡椒…2/3 小勺

小葱末…适量

**制作步骤**

① 豆腐沥水，放在盘子里，用微波炉加热 3 分钟（功率调到 600W），取出后放在笸箩上，让多余的水分析出。

② 将大蒜与大葱切成碎末。将橄榄油倒入平底锅，用中火加热，炒出葱蒜的香味，然后加入猪肉糜，继续翻炒。

③ 将番茄切成小块，与 A 一同倒入②，煮一小会。

④ 加入柚子胡椒。

⑤ 将切成小块的豆腐加入④。把豆腐煮热之后装盘，撒上小葱即可。

HOT DELI

# 27

## 甜辣味噌青花鱼

味噌青花鱼是秋冬两季常见的家常菜。
我们在这道菜里加入了韩国辣椒酱，
增添了几分韩国风味。
甜味与辣味保持着绝妙的平衡，
拿来下饭再适合不过了。

**材料（4 人份）**

剔骨青花鱼…4 块

A
| 日式鲣鱼味面汤…80ml
| 水…150ml
| 姜泥…3g（约 1/4 个）
| 混合味噌…40g
| 韩国辣椒酱…1½ 小勺

青菜…1 棵

**制作步骤**

① 将 A 倒入锅中，稍事加热后备用。

② 将青花鱼加入①，用中火煮熟，同时让汤水变得
更浓稠。

③ 用水把青菜煮熟，沥干后备用。

④ 将②与③一起装盘。

# 第 2 章

# COLD DELI

## 冷料理

我们将多种蔬菜结合起来，
打造出了许多创意十足的新式菜肴。
这些凉菜不仅富含维生素，
还开创了普通蔬菜的新吃法，
敬请品尝。

# 高菜恺撒沙拉

高菜是一种绿叶蔬菜,是小松菜的"改良版"。
它比小松菜大好几倍,清脆可口。
没有苦涩感,可以生吃。
而这款沙拉,就能让食客亲密接触高菜的美味。
它也是Café & Meal MUJI的热门菜式哦。

**材料（4 人份）**

高菜…200g

盐…1/2 小勺

黑胡椒…适量

法棍…30g

蛋黄酱…略多于 4 大勺

奶酪粉…30g

牛奶…2 小勺

奶酪粉（用于最后的点缀）…2 小勺

**制作步骤**

① 将蛋黄酱、30g 奶酪粉与牛奶搅拌均匀。

② 高菜洗净去根,切成 3~4cm 长的小段。撒上盐与胡椒,稍事搅拌。

③ 法棍切成 1~2cm 见方的小丁,用烤箱烤一下,直至口感变脆。然后将①、②与法棍倒入大碗,搅拌均匀后装盘,撒上 2 小勺奶酪粉。

◎ 如果没有高菜,可以用小松菜代替。比较新鲜的高菜可直接使用。要是高菜不是特别新鲜,可以先过一遍热水,然后立刻冷却,沥干后再使用。

粗壮的茎也很好吃。

在生的高菜上直接撒上盐与胡椒。

# 香渍丁香鱼

蔬菜的清脆口感
与满口留香的丁香鱼外皮形成了绝妙的对比。
刚炸好的丁香鱼一定要浇一些酸酸的酱汁。
如此一来,酸味与鲜味会在丁香鱼冷却的过程中慢慢渗透到鱼肉里。

**材料（4 人份）**

丁香鱼…200g

面粉（小麦粉）…20g

盐…适量

胡椒…适量

油（用于油炸）…适量

|   |   |
|---|---|
| **A** | 白葡萄酒醋…50g |
| | 谷物醋…50ml |
| | 盐…略少于 1 小勺 |
| | 糖…40g |
| | 水…80ml |

洋葱…1/4 个

胡萝卜…1/5 根

红椒（甜椒）…1/5 个

黄椒（甜椒）…1/5 个

欧芹…适量

**制作步骤**

① 将欧芹撕碎，其他蔬菜全部切成丝。

② 将 A 倒进锅里煮沸，然后把锅泡在冰水里冷却。

③ 待②冷却后，加入①。

④ 在丁香鱼上撒一些盐和胡椒，裹上面粉，用预热到 190℃的油炸透。

⑤ 在④刚出锅时，浇上③。

⑥ 晾在一旁，冷却后装盘。

※在 A 尚未冷却的时候加入蔬菜，就可以将这道菜的保质期延长到 3 天左右。如此一来，酱汁也会变得更香甜美味。

COLD DELI

# 30 羊栖菜绿叶沙拉

我们想打造出一款
不逊色于裙带菜沙拉的羊栖菜沙拉。
于是这款羊栖菜绿叶沙拉就应运而生了。
羊栖菜在汤里不用煮很久,
直接撒在菜肴的表面也可,可谓用途多多。
您也可以将羊栖菜撒在时令蔬菜上,好吃又健康。

**材料(4 人份)**

高菜…100g

水晶菜…100g

(外形类似苦菊的叶菜。——译者注)

胡萝卜…20g

羊栖菜(干燥)…20g

盐…少许

日式沙拉酱…40g

糖…1 大勺

焙煎白芝麻…略少于 1 大勺

**制作步骤**

① 用热水将干燥的羊栖菜泡开,然后稍微煮一会儿。
煮过之后用凉水冷却。冷却后沥水备用。

② 把高菜与水晶菜切成大块,胡萝卜切成丝。

③ 将所有材料倒入大碗,搅拌均匀。

◎如果没有高菜,可以用小松菜代替。详见 P41。

# 31

COLD DELI

# 小干鱼土豆沙拉

这道菜的美味,源自小白鱼干的鲜味。
我们选用的鱼干没有经过精挑细选,
是打捞起来之后直接放在太阳底下晒出来的,
味道尤为醇厚。

**材料(2 人份)**

小鱼干…30g

土豆(五月皇后)…1 个(小号)

苦瓜…30g

莲藕…100g(略多于 1/2 节)

生抽…2½ 小勺

麻油…1/2 小勺

色拉油…1/2 小勺

焙煎白芝麻…1 大勺

海带茶…1/3 小勺

黑胡椒…1 小勺

**制作步骤**

① 在小鱼干上倒一些油(未包括在材料清单中),用
平底锅煎好备用。

② 将土豆去皮切丝,放在冷水里浸一下,再用盐水
煮一小会后捞出来冷却。

③ 苦瓜去瓤去籽,切成薄片,撒盐揉一揉,再用清
水煮一小会后捞出来冷却。

④ 莲藕去皮,切成 3mm 厚的半月形薄片,用盐水煮
一小会后捞出来冷却。

⑤ 将所有材料倒入大碗中,搅拌均匀。

Café & Meal MUJI 使用
的是瀬户内海直送的新
鲜小鱼干,是打捞起来
之后直接放在太阳底下
晒成的。直接吃也很美
味哦。

# 南瓜豌豆多彩沙拉

我们在倍受欢迎的南瓜沙拉中加入了爽脆的口感，
还有鲜艳的色彩，打造出了这款极具初夏韵味的沙拉。
加了马槟榔的蛋黄酱是这道菜的点睛之笔，
定能带给您不一样的美食体验。

**32**

**材料（4 人份）**

南瓜…200g

荷兰豆…20g

番茄…1 小个

紫甘蓝…40g

毛豆（去掉豆荚）…20g

A 　盐…适量
　黑胡椒…适量
　蛋黄酱…60g（约 5 大勺）

马槟榔…1 大勺

盐…适量

胡椒…适量

**制作步骤**

① 将南瓜切成方便入口的大小，荷兰豆去筋备用。

② ①与毛豆分别焯水，之后将豆荚中的毛豆剥出来
备用。

③ 将番茄切成大块，紫甘蓝切丝备用。

④ 将 A 充分搅拌，加入切成碎末（不用太细）的马
槟榔。

⑤ 将②与③倒入大碗，撒一些盐与胡椒，再加入④，
搅拌均匀后装盘。

# 33

# 整根胡萝卜沙拉

胡萝卜连皮品尝,正是这道菜的精髓所在。
其实皮与肉之间的部分最为鲜美,用油稍微炸一下,
就能引出胡萝卜的甜味了。
您可以使用当季新鲜上市的胡萝卜,大快朵颐一番。

**材料（2 人份）**

胡萝卜…1/4 根（约 150g）

盐…略少于 1 小勺

色拉油…适量

核桃…10g

A | 胡萝卜（连皮）…1/4 根（约 150g）
老抽…1/2 小勺
第戎芥末…3 小勺
盐…略少于 1 小勺
糖…2 小勺
色拉油…180ml
醋…3 大勺 +1 小勺

※ 为了方便制作这款菜肴，准备的沙拉酱的
分量要比实际用量略多一些。您可以将多余
的沙拉酱放进冰箱冷藏，用在各种沙拉中。

**制作步骤**

① 胡萝卜去皮，撒上一些盐，晾置 30 分钟左右。之
后拭去表面的水分，用预热到 180℃的油炸一下。

② 将①切成略粗的丝，倒入大碗，再加入 500ml 清
水与 1 大勺盐（未包括在材料清单中），充分搅拌
后晾 10 分钟左右。之后捞出，放在笸箩上，沥干
水分。核桃用锅煎一下，然后压碎（不用太细）。

③ 将 A 的材料全部倒入粉碎机，制作沙拉酱。

④ 将①、②、③全部倒入大碗，搅拌均匀后装盘。

京都的金时胡萝卜（左）
与日本各处都能买到的普
通胡萝卜（右）。大家可
以在这道菜中使用不同品
种的胡萝卜，色泽会更鲜
艳哦。

**34** 绿色蔬菜杂烩

**35** 蜂蜜拌根菜

## 34

# 绿色蔬菜杂烩

这道菜用加入菠菜的罗勒酱
搭配清蒸的蔬菜,
健康又清新。

**材料(4 人份)**

洋葱…1 个

红椒(甜椒)…1/2 个

黄椒(甜椒)…1/2 个

西葫芦…1/2 根

南瓜…50g

豌豆…50g

橄榄油…20ml

盐…2/3 小勺

胡椒…少许

A
菠菜叶…4 片(带茎)
罗勒(生)…20g
奶酪粉…2 大勺
橄榄油…120ml
盐…1/2 小勺
黑胡椒…1/5 小勺

罗勒叶(用于点缀)…少许

**制作步骤**

① 将 A 倒入粉碎机搅拌,打成绿色的酱汁。

② 将洋葱切成月牙形,甜椒与西葫芦剁成不规则的形状,南瓜切成容易入口的大小。豌豆去筋后备用。

③ 将橄榄油倒入锅中预热,然后加入洋葱翻炒。

④ 倒入其他蔬菜,继续翻炒。等所有蔬菜变得稍软后,盖上锅盖,调成小火焖一会儿。

⑤ 待蔬菜完全变软(但要保留一定的嚼劲)后,撒上盐与胡椒。

⑥ 将⑤倒进大碗冷却。冷却后,倒入①的绿色酱汁,搅拌均匀后装盘。最后以罗勒叶片点缀。

---

## 35

# 蜂蜜拌根菜

牛蒡、莲藕、红薯,
每一种食材都有独特的甜味。而这款秋季独享的凉菜,能让您享受
到甜味的"渐变"。
蜂蜜能让菜肴味道更浓郁,而生姜则能锦上添花。

**材料(4 人份)**

红薯…80g

莲藕…80g

牛蒡…80g

麻油…1 大勺

生姜…3g(约 1/4 个)

A
日式鲣鱼味面汤…30ml
水…90ml
蜂蜜…1 大勺

白芝麻…1 大勺

**制作步骤**

① 将红薯切成不规则形状的小丁,用凉水浸一下,捞出后沥干水分。在平底锅里倒一些油(量稍多一些,未包括在材料清单中),用中火翻炒红薯丁。

② 生姜磨成泥,用麻油炒一下,再加入切成不规则形状的牛蒡与莲藕,用中火翻炒。

③ 待所有材料都沾到油之后,加入 A,翻炒后煮一会儿。

④ 待汤水蒸发到只剩 1/4 时,加入红薯,继续翻炒,让食材充分吸收汤水的精华。

⑤ 最后加入白芝麻,装盘。

COLD DELI

# 蔬菜冻

用日式高汤做成的蔬菜冻清凉爽口,特别适合在夏天享用。
只要是蔬菜,都能加到这款蔬菜冻里。
要是您的冰箱里堆了许多无处可用的蔬菜,不妨放手一试。

**材料(4 个小玻璃杯的用量)**

水…80ml

日式鲣鱼味面汤…120ml

明胶…6g

西兰花…3~4 棵

南瓜…50g

秋葵…2 根

黄椒(甜椒)…1/3 个

红椒(甜椒)…1/3 个

番茄…1/2 个

黄瓜…1/2 根

**制作步骤**

① 提前用冷水(未包括在材料清单中,用量约为明胶分量的 3 倍)将明胶泡开。

② 将水与面汤倒进锅里加热到 70℃左右,然后倒入明胶,使胶完全化开。

③ 将②倒入大碗晾一会,但不要让液体完全凝固。

④ 西兰花、南瓜与秋葵焯水后冷却,西兰花与南瓜切成 1cm 见方的小丁,秋葵切成小片后备用。

⑤ 将甜椒、番茄、黄瓜切成 1cm 见方的小丁,备用。

⑥ 将所有食材倒入液体状态的③,再把大碗浸在冰水里,增加液体的黏稠度。

⑦ 将⑥倒入容器,放进冰箱,完全凝固后即可享用。

# 37

COLD DELI

# 油豆腐蔬菜沙拉

亚洲各国都有食用油豆腐的习惯，
泰国菜中也不乏油豆腐的身影。
这道沙拉使用的微辣沙拉酱加入了萝卜泥与豆瓣酱。
萝卜泥不用太细,否则味道会更辣哦。

**材料（4 人份）**

油豆腐…2/3 块

麻油…1 大勺

黄瓜…1 根

小松菜…50g

萝卜…3cm

蒜末…1/2 小勺

姜泥…少许

麻油…少许

A
寿喜锅调料…3 大勺
醋…略少于 1 大勺
豆瓣酱…1/2 小勺
白芝麻…适量

大葱（碎末）…2 大勺

盐…适量

**制作步骤**

① 将油豆腐放入热水煮 5 分钟，去除豆腐中的多余
油分，然后捞出来把水沥干。再切成容易入口的
大小，用倒了麻油的平底锅煎一下。

② 将黄瓜切成 5mm 的薄片。小松菜洗净，切成 3cm
长的小段。

③ 萝卜去皮，切成适当的大小，然后用工具磨成泥（不
必磨得太细）。

④ 将麻油倒入另一个锅，预热后加入大蒜与生姜，
用中火翻炒，再加入 A 与大葱的碎末。沸腾后关
火冷却。

⑤ 将所有材料倒入大碗，搅拌均匀后用盐调味。

**38**

COLD DELI

# 羊栖菜酱拌清蒸蔬菜

希望大家能在享用蔬菜时品味到更多的乐趣与滋味，
这是我们打造出这道菜的初衷。
羊栖菜酱中加入了番茄与芥末。
请大家尽情享用这款与众不同的西式酱汁吧。

**39** 辣味南瓜拌牛肉

材料（4 人份）

西兰花…半棵（约 120g）

花菜…半棵（约 120g）

芦笋…3 根

豌豆荚…6 个

盐…适量

红椒（甜椒）…1/2 个

胡萝卜…1/2 根

洋葱…1/2 个

【羊栖菜酱】

羊栖菜（干）…20g

橄榄油…50ml

大蒜…少许

A
| 白葡萄酒醋…40ml
| 水…50ml
| 糖…3/4 大勺
| 盐…1 小勺

罗勒…1/2g

B
| 第戎芥末…2 大勺
| 番茄膏…1 大勺

制作步骤

① 将西兰花与花菜拆成小束，茎竖着一切二，再切成小段。芦笋去皮，切成 3cm 长。

② 豌豆荚去筋备用。

③ 胡萝卜去皮切成圆片，甜椒也切成环形。洋葱切成半月形。

④ 将蔬菜装进容器，调整好位置之后放入蒸锅（也可以用微波炉加热），撒一些盐。

⑤ 蒸好后倒上羊栖菜酱，即可享用。

【羊栖菜酱】

① 羊栖菜用水泡开后沥干水分，备用。

② 将胡萝卜切成碎末。将橄榄油倒进锅里预热，然后加入胡萝卜翻炒，再加入①，轻轻翻炒，让所有食材都沾到油。

③ 加入 A，沸腾后关火。将罗勒稍稍切碎，与 B 一起倒进锅里，搅拌均匀，调味。

④ 将③的一半倒进粉碎机。处理完毕后，倒回剩下的一半（没有用粉碎机处理过的）中。

---

# 辣味南瓜拌牛肉

这道菜主打寿喜锅风味的牛肉，无论您喜欢哪个国家的菜肴，都能欣然接受。
蛋黄酱能让菜肴的味道更醇厚，更显香料的辛辣，
两者的配合简直天衣无缝。

材料（4 人份）

南瓜…300g

牛肉（切片）…50g

色拉油…1 大勺

孜然籽…1/4 小勺

A
| 盐…2 撮
| 咖喱粉…3/4 小勺
| 印度麻辣酱…1/4 小勺

寿喜锅调料…1 大勺

蛋黄酱…略少于 3 大勺

黑胡椒…少许

制作步骤

① 将南瓜切成大块，用油炸到稍稍有些变软（也可以用微波炉加热，保证南瓜熟透即可）。

② 将牛肉切成 2cm 宽。将色拉油倒入锅中，加入切碎的孜然籽，用中火烹出香味后加入牛肉。

③ 加入 A，稍稍翻炒后立刻加入寿喜锅调料。

④ 将①加入③，搅拌均匀后冷却。然后加入蛋黄酱与黑胡椒，充分搅拌后装盘。

COLD DELI

# 奶香玉米土豆沙拉

这款土豆沙拉是孩子们的最爱。
沙拉里加了玉米与鲜奶油，
口感好似玉米浓汤，分外柔滑。
*丝丝甘甜，唇齿留香。*
所以这道菜也俘获了许多女性朋友的芳心。

**材料（4 人份）**

土豆（大号五月皇后）…2 个

盐…1 小勺

毛豆（不用豆荚）…60g

玉米（玉米粒罐头）…50g

玉米（玉米糊罐头）…100g

蛋黄酱…100g

鲜奶油…50ml

糖…1 大勺

盐…1/2 小勺

**制作步骤**

① 土豆洗净后，连皮放进浓度较高的盐水里煮。毛豆焯水后剥出豆子备用。

② 土豆去皮碾碎（不必碾得很细）。

③ 将所有材料倒入大碗，搅拌均匀后晾一会。

④ 装盘。

土豆去皮碾碎，但不用碾得很细。

# 41

# 橄榄酱清蒸蔬菜沙拉

这是一款色香味俱全的沙拉。
用橄榄做成的黑色酱汁一统天下,独领风骚。
沙拉中加入了意大利菜常用的橄榄酱,
并增添了专属Café & Meal MUJI的小心思。

**材料（2 人份）**

西兰花…1/2 棵

芦笋…3 根

豌豆荚…6 个

胡萝卜…1/2 根

红椒（甜椒）…1/2 个

洋葱…1/2 个

盐…适量

【橄榄酱】

黑橄榄（无籽）…30g

大蒜…少许

油浸鳀鱼（罐头）…1 片

罗勒…少许

A ｜ 橄榄油…2 大勺

｜ 盐…一撮

｜ 奶酪粉…2 小勺

**制作步骤**

① 将西兰花拆成小束,茎竖着一切二,再切成小段。

② 芦笋去皮,切成 3cm 长。

③ 豌豆去筋备用。

④ 胡萝卜去皮切成圆片,甜椒也切成环形。洋葱切成半月形。

⑤ 将蔬菜装进容器,调整好位置之后放入蒸锅（也可以用微波炉加热）,撒一些盐。

⑥ 蒸好后倒上橄榄酱,即可享用。

【橄榄酱】

① 将黑橄榄、大蒜、鳀鱼、罗勒切碎,加入 A 搅拌均匀。

# 糖渍大长柠檬与胡萝卜

Café & Meal MUJI的柠檬，
都是产自广岛县的大长柠檬。
这种柠檬在运输过程中不使用任何防腐剂与防霉剂，
所以果皮也可以用在菜里。
这道菜充分利用了柠檬皮的清香，
让人一动口就停不下来。

**材料（2 人份）**

胡萝卜…1 大根（300g）

**A**
　白葡萄酒…50ml
　蜂蜜…2 小勺
　糖…略少于 1 大勺
　橙汁…120ml

大长柠檬…1 个

**制作步骤**

① 胡萝卜去皮，切成 1cm 厚的小圆片。

② 用清水将①煮一煮，捞出来放在笸箩上备用。

③ 柠檬也切成圆片备用。

④ 将②、③、A 倒入锅中，用铝箔纸盖住，用中火焖到食材充分吸收汤水为止。

◎ 凉热两相宜。

◎ 如果买不到大长柠檬，也可以用不含农药的优质柠檬代替。

◎ 可以削一些柠檬皮（未包括在材料清单中）撒在沙拉里，如此一来柠檬的香味会更加浓郁。

大长柠檬都是熟透后再采摘的，所以甜度非常高。它的产地是广岛县的大崎上岛。

# 43

# 奶豆腐

我们在传统的芝麻豆腐中加入了甘甜的牛奶，
打造出了这款具有西式风味的奶豆腐。
葛粉的独特黏稠感，定会让您欲罢不能。
如果把酱汁做得甜一些，就是一道诱人的甜品啦。

**材料（3 人份）**

葛粉…15g

牛奶…200ml

白芝麻糊…1⅓ 大勺

盐…1 撮

糖…1/3 小勺

**【酱汁】**

水…150ml

万能高汤…2 大勺

淀粉溶液…1~2 大勺

盐…1/4 小勺

柚子皮…1/5 个的量

鸭儿芹…适量

**制作步骤**

① 将牛奶倒入葛粉，晾 5 分钟，再用勺子或其他工具充分搅拌。

② 将①与芝麻糊倒进大碗，搅拌均匀，然后过筛。

③ 将②倒进锅里，加入盐与糖，用小火加热，同时用橡皮刮刀充分搅拌，锅底的食材也要搅拌到。

④ 待③的浓稠度变高后，将火调得更小一些，以防锅底的食材烧焦。再仔细搅拌五分钟。

⑤ 将④倒入容器，放进冰箱冷却。

⑥ 将酱汁倒在⑤上，冷藏后即可食用。

**【酱汁】**

① 将万能高汤倒进水里，用盐调味后倒入锅中加热。沸腾后加入淀粉溶液勾芡，再加入切碎的鸭儿芹与柚子皮即可。

顾名思义，上图中的两款牛奶是分别在东京与京都生产的，是政府推出的"自产自销"项目的一部分。Café & Meal MUJI 使用的就是这两款牛奶。

过筛能让口感变得更爽滑。

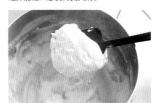

食材能粘在橡皮刮刀上（如图所示）之后，再搅拌 5 分钟。

**44**

# 蓝纹奶酪炖萝卜

冬日的萝卜分外甘甜。
"萝卜+蓝纹奶酪"是个令人意外的组合,但这道菜的味道着实不错。
蓝纹奶酪常用于比萨与利梭多饭,
在西餐中,人们也会拿它搭配洋梨。这便是这道菜的灵感来源。

**材料(3 人份)**

萝卜…1/4 根（250g）

|   |   |
|---|---|
| **A** | 清汤…100ml |
|   | 牛奶…100ml |
|   | 盐…1/4 小勺 |
|   | 无盐黄油…略少于 1/2 小勺（1.5g） |
|   | 月桂叶…少许 |
| **B** | 鲜奶油…60ml |
|   | 牛奶…40ml |
|   | 盐…1/5 小勺 |
|   | 蜂蜜…1½ 小勺 |

蓝纹奶酪…25g

奶酪粉…略多于 2 大勺

黑胡椒粉（粗）…1/4 小勺

**制作步骤**

① 萝卜去皮,切成 3cm 见方的小块。

② 将①、A 倒入锅中,沸腾后调为小火,盖上锅盖,焖 30 分钟。

③ 煮好后倒出来,冷却。

④ 将 B 倒入锅中,煮沸后加入蓝纹奶酪。一边用勺子把奶酪压碎,一边加热。煮 1 分钟左右,然后关火冷却。

⑤ 倒掉③的汤汁,加入④,稍稍搅拌。

⑥ 装盘,撒上奶酪粉与黑胡椒即可。

冷却后随意搅拌一下即可。

**45** 花菜白芸豆拌杂粮

**46** 八宝蔬菜古斯古斯沙拉

**45**

# 花菜白芸豆拌杂粮

在意大利等地,用大米做的沙拉备受欢迎,
而我们把沙拉中的大米换成了杂粮。五谷杂粮各有特色,好
比黑麦,口感就很软糯。
大家不妨细细品味一番。

**材料(2 人份)**

花菜…1/4 棵（100g）
白芸豆（颗粒型罐头）…80g
鸡胸肉…100g
五谷杂粮…15g

A
|色拉油…50ml
|谷物醋…25ml
|糖…1/3 小勺
|盐…1/4 小勺
|白胡椒…少许

**制作步骤**

① 花菜焯水后沥干水分备用。

② 将鸡肉切成 2cm 见方的小块,用比较浓的盐水（未包括在材料清单中）煮一下，然后倒在笸箩上，沥干水分备用。

③ 用足量的热水烹煮五谷杂粮，10~20 分钟后倒在笸箩上，沥干水分。

④ 将 A 倒入大碗，搅拌均匀后加入①、②、③与白芸豆，充分搅拌后装盘。

◎ 五谷杂粮可根据您的口味随意搭配。

---

**46**

# 八宝蔬菜古斯古斯沙拉

色彩斑斓的蔬菜,配以雪白的古斯古斯面,
鲜明的对比,可谓赏心悦目。
古斯古斯面的独特口感,定会为这款意面沙拉增光添彩。

**材料(2 人份)**

卷心菜…1/10 棵
黄瓜…1/5 根
高菜…1/5 棵（40g）
小番茄（圣女果）…20g
芦笋…1 根
西兰花…1/2 棵（100g）
花菜…1/10 棵（60g）
古斯古斯面…30g
热水…30ml
盐…1/2 小勺
白葡萄酒醋…20ml
糖…1/3 小勺
色拉油…5 大勺
盐…适量
胡椒…适量

**制作步骤**

① 卷心菜切成 2cm 见方的小片，黄瓜切成 1cm 厚的圆片，高菜切成 3cm 长，小番茄一切为二。

② 芦笋去皮后切成 3cm 长的小段。西兰花与花菜掰开后备用。

③ 将②放入盐水焯一下，捞出来之后用凉水冷却，之后沥干水分备用。

④ 将古斯古斯面倒入耐热盆，加入热水与盐，盖上保鲜膜，放进微波炉加热 30 秒左右，然后晾在一旁冷却。

⑤ 将所有材料倒入大号大碗，加入盐与胡椒调味后装盘。

47

COLD DELI

# 香葱小鱼干沙拉

这款沙拉使用了日本各地自产的香葱与各种香味扑鼻的蔬菜,
配以鲜美小鱼干,满口都是好营养。
您可以在这道菜里加入您喜欢的葱类蔬菜,
比一比,是白色的葱好吃,还是绿色的葱更美味。

**材料(4 人份)**

大葱…1/2 根

其他葱类(九条葱、小葱、岩津葱等)
…各 1/2 根

小白鱼干…1/2 杯

芝麻…2 大勺

麻油…2 大勺

芹菜…1/2 根

香菜…1/2 根

日式鲣鱼味面汤…2 大勺

**制作步骤**

① 将各种葱切成丝(不必太细),用冷水浸泡一段时间。

② 将芝麻与麻油倒入平底锅,把小鱼干煎熟。

③ 将②装盘冷却,备用。

④ 芹菜切成薄片,香菜随意切成小段,茎部也可入菜。

⑤ 沥干葱的水分。把所有食材倒入大碗,搅拌均匀后装
盘。

从左到右分别为九条葱、
大葱与小葱。除此之外,
还有岩津、下仁田、千住、
越津等品种可供选择。

**48**

# 白酱山珍

秋去冬来,正是根菜最美味的时节。
这道菜就能让您将根菜一网打尽。
口感爽脆的山药,吸饱汤汁的牛蒡,
清甜脆嫩的莲藕……根菜有利于健康,
更谱写出了口感丰富的交响曲。

**材料(4人份)**

木棉豆腐…1/2 块

白芝麻糊…略少于 1 大勺

山药…3cm 左右

牛蒡…1/4 根

莲藕…3cm 左右

**A**
| 生抽…1 小勺 |
| 万能高汤…2 大勺 |
| 醋…1/2 大勺 |
| 姜泥…1/2 小勺 |
| 辣椒粉…少许 |
| 糖…略少于 1 小勺 |

色拉油…1/2 大勺

麻油…1/2 大勺

小葱(末)…适量

**制作步骤**

① 用厨房纸将豆腐包好,用重物压一会儿,挤出多余的水分。

② 用菜刀将①切碎,倒入大碗中,与芝麻酱搅拌均匀。将 A 加入②,充分搅拌。

③ 山药去皮,切成不规则的形状。

④ 莲藕与牛蒡去皮,切成不规则的形状,然后用水

⑤ 煮一下,但不要煮得太软。

⑥ 将所有材料搅拌均匀,装盘。

**49**

COLD DELI

# 日式凉拌蔬菜

日本人常将煮熟的茄子冷却后凉拌，
而我们在这道菜中加入了其他蔬菜。
煮熟的蔬菜口感松软，更容易下咽，
不一会儿，一大盘就下肚了。
您也可以自由发挥，把躺在冰箱里的蔬菜加入到这道菜里。

**材料（4 人份）**

茄子…1 根（80g）

胡萝卜…1/4 根（40g）

菠菜…1/5 棵（40g）

真姬菇…1/2 盒（50g）

麻油…1 大勺

色拉油…1 大勺

魔芋丝…略少于 1/2 袋

A ｜ 日式鲣鱼味面汤…50ml
｜ 水…50ml

**制作步骤**

① 将茄子切成 3cm 长的小块，胡萝卜去皮后切成不规则的形状，菠菜去根后切成 3cm 长的小段，真姬菇去根后拆散。

② 胡萝卜与菠菜焯水后取出，沥干水分备用。

③ 将麻油与色拉油倒入平底锅加热，加入茄子与真姬菇翻炒。

④ 用开水烫一下魔芋丝，去除魔芋的腥味，再用凉水冷却，之后沥干水分，切碎备用。

⑤ 将 A 与②、③、④倒入大碗，搅拌均匀即可。

**50**

COLD DELI

# 芝麻香渍烤南瓜

用烤箱加热过的南瓜分外甘甜,
堪比甜点。
西洋醋的酸味若隐若现,清淡爽口。
如果您爱吃南瓜,那可千万不要错过这道美味。

**材料(4 人份)**

南瓜(带皮)…200g

橄榄油…2 大勺

大蒜…1 瓣

迷迭香(新鲜)…1 棵

焙煎白芝麻…1 大勺

焙煎黑芝麻…2 大勺

白葡萄酒醋…1 大勺

盐…适量

糖…2 小勺

清汤…30ml

橄榄油…2 大勺

制作步骤

① 将带皮去籽的南瓜放在烤盘上,浇上橄榄油,再
   放上完整的大蒜与迷迭香,送入预热至200℃的
   烤箱,烘烤20分钟。

② 取出南瓜,用勺子挖出果肉,倒入大碗。

③ 趁②还没冷却,将其余材料撒在上面,然后用保
   鲜膜把大碗盖起来。大碗不那么烫手之后,再放
   进冰箱冷却。

④ 待食材入味后装盘。

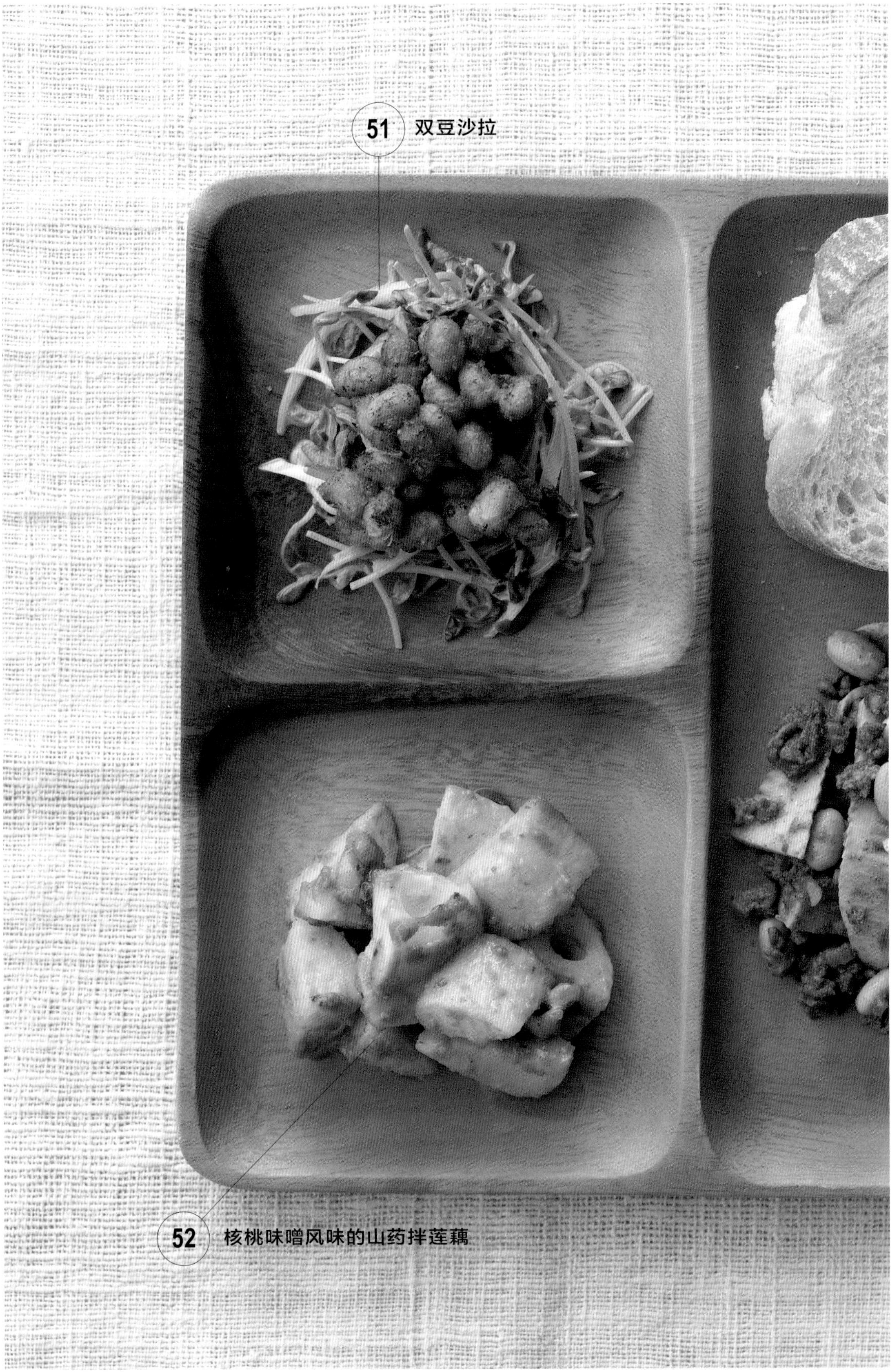
51 双豆沙拉
52 核桃味噌风味的山药拌莲藕

## 51

# 双豆沙拉

豌豆苗与大豆齐舞。
炸过的大豆香味扑鼻,口感干脆。
它们共同打造出了这款全新的"双豆"沙拉。

**材料(4 人份)**

豆苗…1 盒(110g)

水晶菜…1/3 棵(70g)

大葱…1/3 根

水煮大豆(日本产)…125g

生抽…略多于 1/2 大勺

大蒜…1/2 瓣

水…1 大勺

面粉(小麦粉)…15g

油(用于油炸)…适量

A | 蛋黄酱…1 大勺
糖…1/2 大勺
谷物醋…1 小勺
色拉油…略多于 1 小勺
豆瓣酱…1/2 小勺

**制作步骤**

① 豆苗焯水后捞起,沥干水分,切成 4cm 长的小段。水晶菜也切成 4cm 长的小段。

② 大葱竖着一切二,然后斜着运刀,切成薄片,用水泡一段时间,捞起后沥干水分备用。

③ 将水煮大豆倒在笸箩上沥干水分,然后浸入生抽,加入蒜泥与水,腌 15 分钟左右。

④ 将面粉加入③,搅拌均匀后,放入预热到 180℃ 的油锅里炸(每 3 粒大豆一组,揉在一起下锅,重复多次)。

⑤ 将 A 倒入大碗,搅拌均匀后加入处理好的蔬菜和炸好的大豆,稍事搅拌。

⑥ 装盘。

## 52

# 核桃味噌风味的山药拌莲藕

这是一款网罗了多种山珍的凉菜,而核桃味噌起到了画龙点睛的作用。
做好这道菜的关键在于,山药和莲藕不能炒得太软,要保留一些嚼劲。
在Café & Meal MUJI,山药和莲藕都是连皮带肉一起入菜的哦。

**材料(2 人份)**

山药…1/5 根(100g)

莲藕…1/2 节(100g)

麻油…1 大勺

A | 核桃仁…2 小勺
色拉油…4 小勺
日式鲣鱼味面汤…2 大勺
混合味噌…略少于 1 大勺
糖…少许
白芝麻糊…1 大勺
豆瓣酱…略少于 1 小勺
花椒粉…少许

**制作步骤**

① 山药与莲藕去皮,切成不规则的形状。

② 将麻油倒入平底锅预热,然后加入莲藕与山药,用中火翻炒,小心不要炒焦。

③ 将 A 倒入捣蒜器(捣药罐)碾碎(但不必太细)。

④ 将②与③搅拌均匀即可。③的量可能会略多一些,可根据实际情况调整用量。

※ 可用核桃油代替食材清单中的色拉油,能使菜肴的香味更加浓郁诱人。

69

**53**

COLD DELI

# 蔬菜香醋冻沙拉

把底部的冻胶捣碎,再加一些醋,
便是我们熟悉的蔬菜沙拉了。
冻胶上方的蔬菜只用盐与胡椒调味,简单清爽。
一菜两吃,尽享蔬菜之美味。
这是Café & Meal MUJI在今年夏天推出的新菜式。

**材料（3 杯的用量）**

明胶…3g

水…50g

万能高汤…50ml

西兰花…1/3 棵（70~80g）

南瓜…50g

秋葵…2 根

红椒（甜椒）…1/3 个

黄椒（甜椒）…1/3 个

番茄…1/2 个

黄瓜…1/2 根

红心萝卜（心里美）…适量

嫩叶生菜（baby leaf）…适量

菊苣…适量

　　　橄榄油…2 大勺

A　　南瓜醋＊…2 大勺

　　　盐…适量

　　　胡椒…适量

**制作步骤**

① 提前用冷水（未包括在材料清单中。用量约为明
　胶分量的 3 倍）将明胶泡开。

② 将水与万能高汤倒进锅里加热到 70℃左右，然后
　加入①，使明胶完全化开。

③ 将②倒入大碗晾一会，但不要让液体完全凝固。

④ 西兰花掰开，南瓜切成 1cm 见方的小丁，秋葵切
　成小片，焯水后冷却，备用。

⑤ 将甜椒、番茄、黄瓜切成 1cm 见方的小丁，备用。

⑥ 将④与⑤全部倒入液体状态的③，再把大碗浸在
　冰水里，增加液体的黏稠度。

⑦ 将⑥倒入大号杯子（液体高度约为杯子的 1/4），
　然后放进冰箱，使胶体凝固。

⑧ 将黄反应、红心萝卜、嫩叶生菜、菊苣或其他蔬
　菜切成适当的大小，放在冻胶上。

⑨ 将 A 倒入大碗，稍事搅拌后浇在⑧上即可。

※ 详见 P80。如果没有南瓜醋，也可用其他果醋代替。

第 3 章

# SWEETS
# &DRINKS

## 甜品 & 饮品

本章将要介绍的甜点与饮品都有十分朴素的味道,
定能带您回到美好的旧时光。
Café & Meal MUJI 使用新鲜鸡蛋与牛奶,以及口感温润的红糖,
为您奉上一款款简单方便,却饱含心思的菜品。

# 焙茶布丁

明胶入口即化的口感,还有那朴实无华的味道,就是这款布丁最吸引人的地方。

焙茶的茶叶渣也可以做成法式薄脆饼,

所以每一片茶叶都能发挥余热。

法式薄脆饼是一种薄薄的饼干,

每一次咀嚼,都会让焙茶的芬芳变得更浓郁。

**材料（10 杯的用量）**

【布丁】

明胶（板状）…15g

牛奶…1000ml

焙茶（茶叶）…30g

细砂糖…100g

鲜奶油…200ml

【焙茶酱汁】

焙茶…24g

水…200ml

糖稀（饴糖）…150g

【法式薄脆饼】

焙茶茶叶渣…12g

面粉（小麦粉）…24g

盐…1/5 小勺

细砂糖…60g

橙汁…略多于 1 大勺（18ml）

无盐黄油…30g

白芝麻…4 大勺

**制作步骤**

【布丁】

① 用冷水（未包括在材料清单中。水的用量约为明胶分量的 3 倍）将明胶泡开。

② 将 600ml 牛奶与茶叶倒入锅中,沸腾后再煮 2 分钟。然后盖上锅盖,焖 2 分钟,再用比较细的滤网过滤一遍。

③ 将①与细砂糖加入②,搅拌均匀。

④ 用滤网把③过滤一遍,然后加入剩下的牛奶与鲜奶油,再将锅浸在冰水里冷却。

⑤ 将④倒入杯子,放入冰箱使其凝固。

⑥ 浇上焙茶酱汁,将法式薄脆饼掰成适当的大小,点缀在旁即可。

【焙茶酱汁】

① 将水煮沸,加入茶叶,焖 3 分钟后用滤网滤去茶叶。

② 将糖稀一点点加入茶水中,搅拌均匀即可。

【法式薄脆饼】

① 将茶叶渣铺在烤盘上,在上面压一块同样大小的烤盘,放进预热到 160℃的烤箱烘烤 15 分钟,去除茶叶渣中的水分。也可以用阳光把茶叶渣晒干。

② 将面粉、盐、细砂糖倒入大碗,再加入橙汁与黄油,搅拌均匀,揉成一团。

③ 将①与白芝麻加入②,擀成面饼状,摊在烤盘上,放进预热到 200℃的烤箱烘烤 5~7 分钟即可。

糖稀会逐渐融化,耐心搅拌即可。

# 生姜汽水

这款饮品重点突出了生姜的香味与辣味。
炎炎夏日,用碳酸水兑一下更美味。
隆冬时节,加一些热水更暖胃。
总而言之,这是一款一年四季皆可饮用的绝佳饮品。

材料(约 10 杯的用量)
【生姜酱】
生姜…50g
糖…250g
水…500ml
柠檬汁…40g
【1 杯生姜汽水需要的材料】
生姜酱…4 大勺
碳酸水…100ml
冰块…适量

制作步骤
【生姜酱】
① 生姜磨泥备用。
② 将生姜之外的材料全部倒入小锅,用大火加热。
③ 沸腾后加入①,用大火煮 20 秒。
④ 将③倒入保存容器,放入冰箱急冻。稍后转移到冷藏室保存。
【制作生姜汽水】
将冰块放进杯子,倒入生姜酱,再加入碳酸水即可。

生姜酱可倒入保存容器,放进冰箱冷藏。

# 热蜂蜜柠檬水

伤风感冒的时候,身心俱疲的时候,
不妨饮用这款蜂蜜柠檬水,为身体补充维生素。

材料(约 10 杯的用量)
【柠檬酱】
大长柠檬…4 个
A
蜂蜜…300g
盐…少许
糖…100g
凉开水…100ml
【1 杯蜂蜜柠檬水需要的材料】
热水…适量
大长柠檬(用于装饰)…适量

※大长柠檬可用其他高质量的无农药柠檬代替。

制作步骤
【柠檬酱】
① 柠檬洗净后切成薄片,连皮带肉一起装进保存容器。
② 将 A 倒入容器,充分搅拌。
③ 将②放进冰箱,冷藏 3 天。容器中的柠檬要碾一碾,让柠檬汁流出来。
【制作蜂蜜柠檬水】
用热水冲兑柠檬酱,根据自己的口味调节浓度。最后在杯子里放一片柠檬即可。

**57**

SWEETS&DRINKS

# 南瓜奶酪蛋糕

我们将南瓜加入了传统的奶酪蛋糕,
打造出了这款富含维生素,味道又极为浓郁的南瓜奶酪蛋糕。
酸奶的酸味会让蛋糕的口感更轻盈,
让人百吃不厌。

**材料（1 个 18cm 模具的用量）**

全麦饼干…80g

黄油…40g

南瓜皮…50g

南瓜肉…200g

酸奶…100g

鲜奶油…200ml

奶油奶酪…250g

糖（以"本和香糖"为佳）※…100g

鸡蛋…2 个（100g）

※ 详见 P80。

**制作步骤**

① 将南瓜皮稍稍切碎后油炸（使用的油未包括在材料清单中），炸至干脆后出锅备用。

② 将全麦饼干、黄油与①倒入粉碎机打碎，然后倒出来铺在模具底部。

③ 把奶油奶酪从冰箱里拿出来，放在室温环境中，使之变软。

④ 南瓜肉放进微波炉加热 2 分钟，然后用粉碎机打成糊状。

⑤ 将变软的奶油奶酪、糖与鸡蛋倒入粉碎机，搅拌均匀。

⑥ 将④、⑤、酸奶与鲜奶油倒在一起，搅拌均匀。

⑦ 将⑥倒入②的模具，用预热到 170℃的烤箱烘烤 35~40 分钟即可。

# 58

SWEETS&DRINKS

# 心意鸡蛋布丁

这是一款简单而经典的牛奶鸡蛋布丁。
在Café & Meal MUJI，我们使用的是本和香糖。
这款糖以冲绳产的红糖为原料。
本和香糖颗粒细腻，搭配什么菜肴都不突兀，
甜味也非常醇厚，实属调料上品。

**材料（6 个布丁模具，约 150ml 的用量）**

用黑糖制作的焦糖牛奶糖…6 颗

鸡蛋…4 个（200g）

A | 糖（以"本和香糖"为佳）※…120g
牛奶…350ml
鲜奶油…50ml

※ 详见 P80。

**制作步骤**

① 在每一个布丁模具里各放一颗牛奶糖，再将模具浸在装了较多热水的深烤盘里，缓缓加热，使奶糖完全融化。

② 将 A 全部倒入锅中，让糖完全溶解。加热到溶液稍稍冒烟即可。

③ 在进行②的同时，将鸡蛋打入大碗，搅成均匀的蛋液，再逐步加入②，搅拌均匀后备用。

④ 用较细的滤网或其他工具过滤③，然后捞去液体表面的气泡和其他杂质。

⑤ 将④倒入布丁模具，八分满为佳。

⑥ 将⑤摆在深烤盘上，往烤盘里倒入热水（水位没过布丁模具的一半即可），然后送入预热到130℃的烤箱，烘烤 40 分钟左右。

⑦ 冷却后脱模，装盘。

## 59

SWEETS&DRINKS    CONCEPT RECIPE

# 土佐文旦果冻

我们之所以创造出这款甜点，
是为了让更多的人认识到土佐文旦的美味。
文旦之香，源自果皮。
在这款甜点中，果皮的香味与淡淡的苦味会
完全融入果冻液，
转化为果冻的宜人清甜。

材料（4 个 200ml 杯子的用量）

土佐文旦（产自日本土佐的一种柚子）…2 个

糖…100g

水…200ml

明胶（板状）…6g

制作步骤

① 剥开土佐文旦，取出果肉。

② 取半个文旦的果皮，切成细丝，焯水后
  备用。

③ 事先用冷水（未包括在材料清单中。用
  量约为明胶分量的 3 倍）将明胶泡开。

④ 将糖和水倒入锅中，加热到 70℃，再
  加入③，加热至明胶完全融化。

⑤ 将土佐文旦的果肉与果皮加入④，搅拌
  后倒入大碗。冷却后倒入容器，放进冰
  箱冷却，凝固后即可食用。

在 Café & Meal MUJI，我们也会使用不符合上市标准的"歪瓜裂枣"。它们的卖相虽然不好，但品质和味道丝毫没有问题。

## 60

SWEETS&DRINKS

# 柠檬汽水

先用带皮的柠檬制作柠檬酱，
然后加点碳酸水，这款柠檬汽水就大功告成了。
我们建议您在享用这款饮品时用吸管或勺子把杯
里的柠檬碾碎，
最后把柠檬连皮吃进肚里。

材料（4 杯的用量，加冰）

【柠檬酱】

大长柠檬…2 个

A ｜ 细砂糖…150g
  ｜ 蜂蜜…3.5 小勺
  ｜ 水…100ml

【冲泡 350ml 左右的大杯所需要的材料】

柠檬酱…50ml

碎冰块…适量

碳酸水…100ml

柠檬（薄片）…2 片

※大长柠檬可用其他高质量的无农药柠檬代替。

制作步骤

【柠檬酱】

① 柠檬洗净后切成薄片。

② 将 A 倒入锅中，煮沸后急冻。然后转
  移到保存容器中。

③ 将①腌在②中，1 天后即可食用。

【制作柠檬汽水】

将碎冰块倒进杯子，加入 50ml 柠檬酱，然后
倒入碳酸水，最后放上 2 片柠檬即可。

## INGREDIENTS　食材

本书的食谱中有一部分带 ※ 的食材（见下图），
可在无印良品及其他商铺买到。

十谷米
180g
399日元（含税）
无印良品官网
http://www.muji.net/store/cmdty/

本和香糖
300g
580日元（含税）
株式会社竹内商店
http://www.takeuchi-shouten.co.jp/

酒窖酿造的蔬菜醋
（从左到右分别为南瓜、金针菇、生菜）
200ml/瓶
945日元（含税）/瓶
芙蓉酒造协同组合
http://www.fuyou.org/

## SHOP LIST　店铺列表

**Meal MUJI 有乐町** / 03-5208-8241

〒 100-0005 东京都千代田区丸内 3-8-3 infos 有乐町 2F

**Café &Meal MUJI 日比谷** / 03-5501-1510

〒 100-0006 东京都千代田区有乐町 1-2-1 东宝 theatre creation 大楼 2F

**Café &Meal MUJI 南青山** / 03-5468-3468

〒 107-0062 东京都港区南青山 5-11-9 Lexington 青山

**Café &Meal MUJI 新宿** / 03-5367-2726

〒 160-0022 东京都新宿区新宿 3-15-15 　新宿 Pimladilly B1F

**Café &Meal MUJI Queens 伊势丹世田谷砧** / 02-5727-0623

〒 157-0073 东京都世田谷区砧 2-14-30 Queens 伊势丹世田谷砧 2F

**Café MUJI Atre 巢鸭** / 03-3576-3212

〒 170-0002 东京都丰岛区巢鸭 1-16-8 Atre 巢鸭 3F

**Café MUJI 二子玉川** / 03-5797-0234

〒 158-0094 东京都世田谷区玉川 2-27-5 　玉川高岛屋购物中心 marronniercourt 3F

**Café MUJI 京王圣迹樱丘** / 042-357-8061

〒 206-0011 东京都多摩市关户 1-10-1 京王圣迹樱丘购物中心 A 馆 7F

**Café &Meal MUJI 青叶台东急广场** / 045-988-1172

〒 227-0062 神奈川县横浜市青叶区青叶台 2-1-1 青叶台东急广场 S-1 2F

**Café MUJI 上大冈京急** / 045-840-0565

〒 233-0002 神奈川县横浜市港南区上大冈西 1-6-1 京急百货店 5F

**Meal MUJI 静冈** / 054-274-0191

〒 420-0031 静冈市葵区吴服町 1-2-5 5 风来馆 B1

**Meal MUJI 京都 BAL** / 075-256-8300

〒 604-8032 京都市中京区河原町通三条下山崎町 251 京都 BAL B2

**Meal MUJI 难波** / 06-6648-6472

〒 542-0075 大阪市中央区难波千日前 12-22 难波中心大楼 B2F

**Café &Meal MUJI 阿倍野 and** / 06-6626-0121

〒 545-0052 大阪市阿倍野区阿倍野筋 2-1-40 and 4F

**Café &Meal MUJI 神户 BAL** / 078-335-2675

〒 650-0021 兵库县神户市中央区三宫町 3-6-1 神户 BAL B1

**Café MUJI 博多运河城** / 092-263-6355

〒 812-0018 福冈市博多区住吉 1-2-1 博多运河城北楼 3F

## 中村 新

Café & Meal MUJI菜式设计师。
致力于培养能为社会做出贡献的厨师，打造出有
益健康的菜肴。正在为良品计划、JR东海食品
服务、UMI集团、名铁餐厅、MOBILITYLAND
（本田技研）等大型企业设计菜品。参加过多档
电视节目，在杂志上有连载专栏，并推出过相关
书籍。

## staff

摄影：栗林成城
艺术指导＆设计：
野本奈保子（nomo-gram）
编辑：清水洋美
造型：中条沙也加（Kitchen N）

采访协助
株式会社 良品计划
http://www.ryohin-keikaku.jp
http://www.muji.net